A. Raja Gopala Reddy
Madhumita Mithra Sarkar

Efeito do Cálcio no Gladíolo

A. Raja Gopala Reddy
Madhumita Mithra Sarkar

Efeito do Cálcio no Gladíolo

ScienciaScripts

Cover image: www.ingimage.com

This book is a translation from the original published under ISBN 978-3-659-86225-0.

Publisher:
Sciencia Scripts
is a trademark of
Dodo Books Indian Ocean Ltd. and OmniScriptum S.R.L publishing group

120 High Road, East Finchley, London, N2 9ED, United Kingdom
Str. Armeneasca 28/1, office 1, Chisinau MD-2012, Republic of Moldova, Europe
Printed at: see last page
ISBN: 978-620-8-35436-7

ÍNDICE

LISTA DE SÍMBOLOS E ABREVIATURAS

cm	Centimeter
No.	Number
Fig.	Figure
et al	And others (at elli)
e.g.	For example
etc.	Et cetera=and others
g	Gram
GA_3	Gibbrellic Acid
@	At the rate of
HRS	Horticulture Research Station
i.e.	id est= in other words
ANOVA	Analysis of variance
NaCl	Sodium Chloride
mg/L	Milli gram per litre
mm Mill micron	
mM	Millimole
MP	Muriate of Potash
°C	Degree Celsius
CA	Citric Acid
PH	Hydrogen ion concentration
ppm	Parts per Million
RH	Relative Humidity
Kg/ha	Kilogram per Hectare
TSP	Triple Super Phosphate
STS	Silver Thiosulfate
$CaCl_2$	Calcium Chloride
$Ca (NO3)_2$	Calcium Nitrate
KCl	Potassium Chloride
DIW	Deionized Water

Resumo

Nome do bolseiro de investigação	: A. Raja Gopala Reddy
Nome do presidente do comité consultivo	: Dr. M. Mitra (Sarkar)
Departamento	: Floricultura e paisagismo
Localização do trabalho de investigação	: Estação de Investigação em Horticultura, Mondouri, Bidhan Chandra Krishi Viswavidyalaya
Título do trabalho de investigação	: Desempenho do gladíolo *(Gladiolus grandiflora)* cv. Summer Sunshine à aplicação de cálcio.

A presente experiência tem por objetivo determinar o desempenho do gladíolo *(Gladiolus grandiflora)* cv. Summer Sunshine à aplicação de cálcio. A experiência foi conduzida entre outubro de 2011 e maio de 2012 e outubro de 2012 e maio de 2013 na Estação de Investigação Hortofrutícola, Mondouri, Bidhan Chandra Krishi Viswavidyalaya, Nadia, Bengala Ocidental. A experiência foi organizada em blocos aleatórios, que foram replicados três vezes.

Os resultados da presente experiência revelaram que os tratamentos não tiveram influência significativa em todos os parâmetros vegetativos, ou seja, altura da planta, área foliar e teor de clorofila. No entanto, os parâmetros vegetativos responderam bem ao tratamentoT_3 [$Ca(NO_3)_2$ pulverizado no estágio de emergência de 6-7 folhas e espigas], pois resultou em altura máxima da planta (66,65 cm) e (76,08 cm), maior área foliar (135,55 cm^2) e também o maior teor de clorofila foi maior (1,85 mg/g) no tratamento T .3

No que diz respeito aos parâmetros de floração, variações significativas em relação aos dias para a emergência da espiga (77,50 dias) e dias necessários para a abertura do primeiro florete a partir da emergência da espiga (7,50 dias) foram observadas sob o tratamento T_3 [$Ca(NO_3)_2$ pulverizado no estágio de 6-7 folhas e emergência da espiga]. A auto-vida das flores foi mais prolongada (25,90 dias) no tratamento T_3 , juntamente com o comprimento da espiga (126,10 cm). Também foi revelado que os tratamentos não tiveram efeito significativo sobre os parâmetros diâmetro do florete, diâmetro da espiga, peso da espiga, número de floretes por espiga e comprimento da ráquis.

No caso dos parâmetros cormo e cormo, observou-se uma variação significativa em relação ao diâmetro do cormo (5,81 cm), espessura do cormo (3,43 cm) e peso do cormo / parcela (78,00 g) no tratamento T3. Os cormos/parcela, o peso do cormo e o número de cormos/parcela não apresentaram efeito significativo nos tratamentos.

Os parâmetros pós-colheita, nomeadamente os dias até à senescência incipiente, os dias até à abertura da última flor, o tempo de vida em vaso e a absorção acumulada de água, foram significativamente influenciados pelos tratamentos, tendo o tratamento T3 registado o número máximo de dias que cada floreta demorou (6,11 dias), o número máximo de dias até à abertura da última floreta (15,97 dias), um maior tempo de vida em vaso (1st cinco florzinhas) (5,48 dias) e uma maior quantidade de absorção acumulada de água (73,68 ml). Também se verificou que o tratamento não teve significado no parâmetro dias para a abertura de 1st flor.

A partir dos resultados da experiência, pode concluir-se que as plantas de gladíolo respondem melhor ao tratamento T_3 [$Ca(NO_3)_2$ pulverizado na fase de emergência de 6-7 folhas e espigas] para os parâmetros vegetativos, de floração e pós-colheita.

O cálcio regula tanto o comprimento da espiga como o tempo de vida do vaso, que são os dois principais domínios de cultivo do gladíolo. Assim, tendo em conta as potencialidades do gladíolo na Índia em termos de flores de corte, o nitrato de cálcio pode ser recomendado para o cultivo de gladíolos com o objetivo de aumentar a duração da sua beleza primordial no consumidor final.

CAPÍTULO 1. INTRODUÇÃO

Sem as flores, o mundo não teria sido tão belo, encantador e encantador como é atualmente. As plantas com flores bulbosas são uma das mais maravilhosas criações da natureza. De entre as várias plantas com flores bulbosas que proporcionam glamour, perfeição e cor, o gladíolo está facilmente no topo da lista e pode ser considerado, com razão, a "rainha das culturas de flores bulbosas" cultivadas em muitas partes do mundo (Kaikal e Nauriyal, 1964).

A palavra gladíolo foi originalmente cunhada por Pling, o Ancião (23 - 79 d.C.) a partir da palavra latina "Gladius" que significa "Espada". É também designado por "lírio-espada" devido à forma das suas folhas (Randhawa e Mukhopadhya, 1986). Na Europa é vulgarmente designada por "Corn flag" (bandeira do milho) devido à sua infestação como erva daninha (Bose e Yadav, 1989).

O Gladiolus sps. foi reconhecido há mais de 2000 anos, crescendo nos campos da Ásia Menor e era chamado de 'corn lilies' (Larson, 1980). Foi introduzido no cultivo no final do século XVI, enquanto que a sua introdução na Índia é relativamente recente. O Gladiolus, pertencente à família Iridiaceae, é representado por 250 espécies, das quais 103 espécies são nativas da África do Sul e as restantes da África tropical (Anon., 1976). Os últimos híbridos derivaram de pelo menos 12 espécies (Ewart, 1981) que são atualmente designadas por *Gladiolus grandiflora* (Wilfret, 1980).

O Gladiolus é uma planta bulbosa tenra e perene, geralmente propagada por cormos e cormelos. É popular pelas suas espigas atractivas com florzinhas de forma enorme, cores deslumbrantes e de longa duração. O gladíolo é uma das flores de corte mais populares, tanto a nível nacional como internacional. É cultivado comercialmente em todas as partes do mundo. Na Índia, é cultivado numa área de 289 ha, com uma produção de 459 lakh espigas. Os principais Estados produtores de gladíolos são Karnataka, Maharashtra, Tamil Nadu, Punjab, Haryana, Deli, Uttar Pradesh, Bengala Ocidental e Nagaland.

A importância do gladíolo como flor de corte e na horticultura estética está associada à qualidade da haste. Entre os factores considerados como caraterísticas de qualidade das flores de corte, a integridade estrutural dos caules ou hastes que sustentam a flor é um fator importante.

O cálcio é uma parte crítica da parede celular que produz uma forte rigidez estrutural através da formação de ligações cruzadas com a matriz de polissacáridos de pectina, que por sua vez é responsável por caules robustos ou espigas que estão diretamente relacionados com a extensão da vida de vaso das espigas de flores cortadas.

Assim, o presente estudo foi realizado com o objetivo de estudar o papel do cálcio e documentar a eficácia da sua fonte e do seu tempo de aplicação no desempenho global da cultura e no tempo de vida em vaso das estacas cortadas.

CAPÍTULO 2. REVISÃO DA LITERATURA

Tendo em vista os objectivos da experiência, a literatura relacionada com o efeito do cálcio no gladíolo e noutras plantas ornamentais foi revista do seguinte modo

Parâmetros de crescimento:

Buchanan *et al.* (2000) estudaram que a utilização de nitrato de cálcio e cloreto de cálcio aumenta a concentração de cálcio nos órgãos aéreos, incluindo os tecidos do caule, o que tem um efeito direto no aumento do ciclo de vida das flores após a colheita e as folhas são capazes de reter as concentrações mais elevadas de cálcio nos órgãos aéreos

Chaturvedi *et al.* (2012) e Katiyar *et al.* (2012) constataram que a altura das plantas não foi significativamente afetada pela pulverização de cálcio. A altura máxima (81,70 cm) foi atingida com a aplicação de zinco. A razão para o aumento da altura do gladíolo pode dever-se ao aumento da síntese de auxina e à utilização de hidratos de carbono para melhorar a altura das plantas.

Poovaiah e Leopold (1973) estudaram que quantidades variáveis de $CaCl_2$ evitaram a senescência das folhas, mantiveram níveis mais elevados de clorofila e níveis mais elevados de proteínas em discos de folhas de milho.

Parâmetros florais:

Seyedi *et al.* (2013) observaram que o gladíolo tratado com uma concentração de cálcio de 6 mm produziu espigas mais espessas com um diâmetro de florete maior, que aumentou com o aumento da concentração de cálcio na nutrição. Observações semelhantes foram registadas por Asfabani *et al.* (2008) na rosa.

Katiyar (2012) referiu que a pulverização foliar de cálcio a 0,75% nas plantas de gladíolo foi eficaz para influenciar a maioria dos parâmetros, particularmente o tamanho da espiga e os níveis de floretes.

Chaturvedi *et al.* (2012) e Katiyar *et al.* (2012) referiram que a qualidade da espiga de gladíolo é reconhecida sobretudo pelo seu comprimento e espessura. O comprimento da espiga está diretamente relacionado com o estado nutricional da planta e concluíram que a aplicação de cálcio aumentou significativamente o comprimento da espiga.

Chaturvedi *et al.* (2012) e Katiyar *et al.* (2012) referiram que a largura e o comprimento dos floretes foram significativamente afectados pela aplicação de boro (0,2%) e sulfato de zinco (0,5%), mas o sulfato de cálcio (0,75%) não afectou esta caraterística.

O cálcio não se desloca livremente das folhas para a espiga, pelo que é necessário dispor do elemento durante o período de formação rápida da espiga com nitrato de cálcio, que contém cálcio solúvel, ou pulverizar 2-3 vezes entre o aparecimento da espiga e a floração O superfosfato triplo não contém gesso (sulfato de cálcio), que está presente no superfosfato vulgar em cerca de 50%. Para prevenir ainda mais a carência de cálcio, o agricultor pode aplicar um tratamento secundário com nitrato de cálcio, que contém cálcio solúvel, ou pulverizar 23 vezes entre a emergência das espigas e a floração.

Parâmetros da cortiça e do cormo:
Padmalatha *et al.* (2012) estudaram o efeito pós-colheita da aplicação foliar de $Ca(NO_3)_2$, TIBA, ácido salicílico (SA), KH_2 PO_4 e benzil adenina (BA) em diferentes concentrações (30, 45 e 60 DAP) na produção de cormos de duas cv. Dhiraj & Darshan criadas a partir de cormos.

Vida útil do vaso:
Katiyar (2012) referiu que a pulverização foliar de zinco a 0,5% nas plantas de gladíolo foi eficaz para influenciar a maioria dos parâmetros, particularmente o tamanho da espiga e do florete, seguida da aplicação de cálcio a 0,75%.

Le Chang *et al.* (2012) observaram que o tratamento combinado de Ca e 500 mg/L de ácido húmico (HA) teve efeitos significativos no crescimento das plantas e na absorção de nutrientes do lírio oriental. O tratamento com 7,0 meq/L de Ca e HA aumentou o período de floração, e o tratamento com 3,5 meq/L de Ca e HA resultou em elevados teores de clorofila e prolina.

Sairam *et al* (2011) referiram que, de entre os vários tratamentos com cálcio (Ca), os tratamentos com 50 mmol l^{-1} Ca provocaram o maior aumento no tempo de vida em vaso da espiga de gladíolo, de 5,5 dias no controlo para cerca de 9 dias. O teor relativo de água e o índice de estabilidade da membrana (MSI) diminuíram do estádio I para o estádio V. No entanto, foi observado um aumento significativo do teor relativo de água e do MSI com 50 mmol $l.^{-1}$

Sairam *et al.* (2011) observaram que houve um decréscimo gradual no conteúdo relativo de água (RWC) tanto no controlo como no tratamento em vários estágios de desenvolvimento da flor. Os dados mostraram que as pétalas de espigas mantidas nas soluções de vaso com cálcio mantiveram um RWC significativamente maior (77,61%) do que as mantidas em água destilada (67,46%).

Buchanan *et al.* (2000) referiram que a utilização de nitrato de cálcio e cloreto de cálcio aumenta a concentração de cálcio nos órgãos aéreos, incluindo os tecidos do caule, o que tem um efeito direto no aumento do ciclo de vida das flores após a colheita.

Bhattacharjee e Palalani kumar (2002) observaram na sua investigação que a utilização de compostos de cálcio, especialmente nitrato de cálcio, aumenta a esperança de vida das flores de rosa após a colheita, uma vez que o cálcio evita a síntese de etileno e impede qualquer oclusão vascular.

Verificou-se que o cálcio aumenta a longevidade pós-produção e promove a abertura de botões em flores de rosas cortadas. Quando o Ca foi aplicado como $Ca(NO_3)_2$, aumentou a vida de vaso das flores de rosas cortadas e promoveu a abertura dos botões (Michalczuk *et al.,* 1989).

Padmalatha *et al* (2012) referiram que BA 100 ppm e Ca(NO3)2 1% foram considerados os melhores tratamentos a seguir ao SA 150 ppm para registar o diâmetro máximo da segunda floreta totalmente aberta e melhorar o tempo de vida em vaso das estacas de gladíolo. O efeito benéfico do BA no aumento do tempo de vida do vaso pode ser atribuído ao seu envolvimento na utilização eficiente de fotossintatos e em mais reservas de alimentos nos floretes. O cálcio aumenta os processos de divisão e alongamento celular (Carpenter e Rodriguez, 1971). O cálcio está envolvido na síntese da clorofila e em várias actividades fisiológicas que favorecem o crescimento e o desenvolvimento das plantas (Prabhat Kumar e Arora, 2000). Estes efeitos do cálcio teriam aumentado a qualidade da flor do gladíolo em termos de diâmetro da flor.

Buchanan *et al.,* 2000 referiram que a utilização de nitrato de cálcio e cloreto de cálcio aumenta a concentração de cálcio nos órgãos aéreos, incluindo os tecidos do caule, o que tem um efeito direto no aumento do ciclo de vida das flores após a colheita. As folhas são capazes de reter as concentrações mais elevadas de cálcio, nos órgãos aéreos. Esta é a resposta em relação ao fechamento dos estômatos e sua liberação de umidade através dos estômatos. Luiz *et al.* (2005) relataram que o uso de 10 a 20 mM de sulfato de cálcio antes da colheita seria vital para controlar o ataque de patógenos e aumentar a durabilidade da planta. Gislord (1999) relatou que o uso de cálcio provoca o aumento da durabilidade das plantas podadas e sua capacidade de armazenamento.

Parâmetros pós-colheita

Os resultados de Seyedi *et al.* (2013) mostraram que o tratamento com uma concentração de cálcio de 6 mM apresentou o maior diâmetro do caule e das flores, com 9,14 cm e 10,06 cm, respetivamente, em lilium. Ao aumentar a concentração de cálcio na nutrição, o diâmetro das flores e a espessura do caule aumentam significativamente. Foram obtidos resultados semelhantes nas experiências efectuadas por Choi *et al.* (2001) em flores de lírio, Asfabani *et al.* (2008) em flores de rosa. Aparentemente, ao aumentar a concentração de cálcio na solução nutritiva solúvel, a concentração de cálcio nos órgãos aéreos também aumenta. Dado que o cálcio contribui para a melhoria da membrana celular, espera-se que a planta produza flores de maior diâmetro.

Seyedi *et al. (*2013) relataram que, em lilium, a concentração de cálcio de 6 mM produziu 10,27 dias, o que contou como o ciclo de vida mais longo da planta. Foram observados resultados semelhantes nas experiências efectuadas sobre o efeito da concentração de cálcio nas flores cortadas de plantas ornamentais. Estas experiências foram efectuadas para estudar o efeito da concentração de cálcio no ciclo de vida da flor de rosa por Capdeville *et al.* (2004), Mehran *et al.* (2007), Bhattacharjee e Palalanikumar (2002). Também Robichaux (2008) efectuou experiências com flores de *Euphorbia pulcherrima*, Gerasopoulos e Chelbi (1999) com gerbera e Sosanan (2007) com girassol, que também apresentaram resultados semelhantes.

Reddy *et al.* (2012) estudaram o efeito do zinco ($ZnSO_4$) a 0,5%, do cálcio ($CaSO_4$) a 0,5% e do boro (bórax) a 0,25% no crescimento e na floração do gladíolo cv. Red Majesty A aplicação foliar de $ZnSO_4$ a 0,5% revelou-se significativa em quase todos os parâmetros O $CaSO_4$ apresentou resultados não significativos para a maioria dos caracteres, exceto para os dias até à floração (66,13 dias).

Le Chang *et al.* (2012) referiram que o tratamento combinado de Ca e 500 mg/L de ácido húmico (HA) teve efeitos significativos no crescimento das plantas e na absorção de nutrientes do lírio oriental. O tratamento com 7,0 meq/L de Ca e HA aumentou o período de floração, e o tratamento com 3,5 meq/L de Ca e HA resultou em elevados teores de clorofila e prolina. Estes resultados indicam que esta combinação pode ser benéfica para o crescimento das raízes e aumentar a absorção de nutrientes. O efeito positivo no crescimento das plantas e as respostas de absorção de nutrientes devem-se provavelmente à acumulação de Ca nas escamas e à atividade semelhante à da hormona HA.

O cálcio é um elemento nutriente imóvel que é translocado principalmente no xilema. Está bem estabelecido que o Ca não se move das folhas velhas para as jovens (Kirkby e Pilbeam, 1984; Marschner, 1995) e sabe-se que as folhas em expansão têm uma elevada procura de cálcio (Collier e Tibbitts, 1982; Kirkby e Pilbeam, 1984).

Barua *et al.* (2011) realizaram uma experiência de campo para determinar o efeito de diferentes taxas e fontes de N na vida pós-colheita e na qualidade de espigas de gladíolo cortadas (cv. Dhanvantari). Houve 16 tratamentos compostos por 3 fontes de N (ureia, sulfato de amónio e nitrato de cálcio e amónio; CAN) e 5 taxas de aplicação (5, 10, 20, 30 e 40 g N/m^2). A longevidade da primeira florete não foi afetada pela fonte de N. Uma taxa mais baixa de N foi igual a taxas mais altas, nomeadamente, 30 (4,34 dias) e 40 g N/m^2 (4,23 dias). A interação entre a fonte de N e a taxa mostrou a longevidade máxima do primeiro florete (4,50 dias) com a aplicação de 30 g de sulfato de amónio/m^2 A aplicação de 40 e 30 g N/m^2 como sulfato de amónio registou o número máximo (11,17 e 10,87, respetivamente) de floretes totalmente abertos. O CAN produziu o maior número de floretes totais (13,62). A aplicação de 20-30 g N/m^2 produziu uma vida útil efectiva significativamente mais longa (7,71-7,80 dias) em comparação com taxas mais baixas (6,747,08 dias). Tanto o sulfato de amónio como o CAN foram superiores à ureia no aumento da vida de vaso das estacas de gladíolo.

CAPÍTULO 3. MATERIAIS E MÉTODOS

3.1 SÍTIO EXPERIMENTAL

A presente investigação, intitulada "Desempenho do Gladiolus *(Gladiolus grandiflora)* cv. Summer Sunshine à aplicação de cálcio" foi realizada entre outubro de 2011 e maio de 2012 e novamente entre outubro de 2012 e maio de 2013 na Horticultural Research Station, Mondouri, Bidhan Chandra Krishi Viswavidyalaya, Nadia, Bengala Ocidental. A estação de investigação está situada a 23 5^{01} N de latitude e 89 1^{01} E de longitude, com uma altitude de 9,75 m acima do nível médio das águas do mar.

3.2. CONDIÇÕES CLIMATÉRICAS DURANTE O PERÍODO EXPERIMENTAL

O local onde a experiência foi realizada é abrangido pelo clima subtropical húmido, uma vez que está situado a sul do trópico de Câncer. A proximidade da Baía de Bengala e a presença de uma rede de sistemas fluviais, leitos, etc., não permitem a ocorrência de condições extremas.

As estações do ano nesta região são classificadas como secas e quentes (de março a maio), húmidas e quentes (de junho a outubro) e secas e frescas (de novembro a fevereiro). O inverno é curto e ameno. A tabela 1 apresenta os parâmetros climáticos que incluem a temperatura máxima e mínima, a precipitação total mensal e a percentagem de humidade relativa registada mensalmente de outubro de 2011 a maio de 2012 e de outubro de 2012 a maio de 2013.

3.3. TIPO DE SOLO DO CAMPO EXPERIMENTAL

O solo do campo experimental era um típico aluvião gangético com textura franco-argilosa, boa capacidade de retenção de água, bem drenado e com um estado de fertilidade moderado. As propriedades físico-químicas do solo estão resumidas no quadro 2.

3.4 PORMENORES DA EXPERIÊNCIA

A experiência de campo intitulada "Desempenho do Gladiolus *(Gladiolus grandiflora)* cv. Summer Sunshine à aplicação de cálcio" foi realizada entre outubro de 2011 e maio de 2012 e outubro de 2012 e maio de 2013 na Horticultural Research Station, Mondouri, Bidhan Chandra Krishi Viswavidyalaya, Nadia, Bengala Ocidental. A cultivar (Summer Sunshine) pertence ao grupo de maturidade tardia. As vistosas flores amarelas pálidas nascem densamente na haste, geralmente a uma altura de 100 cm a 125 cm.

Quadro 1: Registos mensais de temperatura, humidade relativa e precipitação total durante o período de experimentação

Mês e ano	Temperatura (^{0} c)		Humidade relativa (%)		Precipitação
	Máximo	Mínimo	Máximo	Mínimo	média (mm)
outubro de 2011 a maio de 2012					
outubro	32.48	22.81	97.16	74.13	76.80
novembro	29.95	17.55	97.03	58.27	0.00
dezembro	25.39	12.38	95.94	55.58	0.00
janeiro	23.94	12.70	94.81	62.77	48.60
fevereiro	28.94	14.10	92.52	41.62	3.00
março	33.81	19.50	91.71	37.48	0.00
abril	34.50	22.31	95.55	38.81	33.3
maio	36.31	27.80	93.21	42.44	46.6
outubro de 2012-maio de 2013					
outubro	31.5	21.4	95.4	62.6	37.8
novembro	28.5	16.6	94.5	55.7	31.4
dezembro	24.6	11.4	95.9	57.5	7.00
janeiro	24.0	9.0	95.9	49.1	1.2
fevereiro	28.2	12.7	95.6	44.8	6.6
março	34.8	19.1	92.2	39.1	0.00
abril	33	25	85.0	30	6.00
maio	32	26	91.0	58.19	61

(Fonte: Departamento de Meteorologia e Física Agrícola, B.C.K.V., Mohanpur, Nadia,

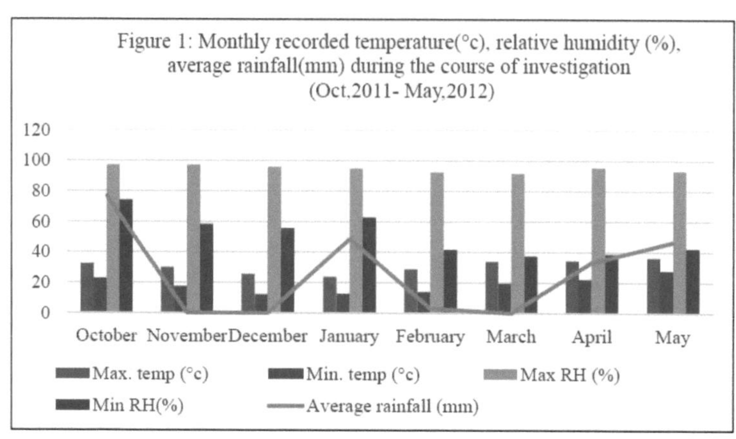

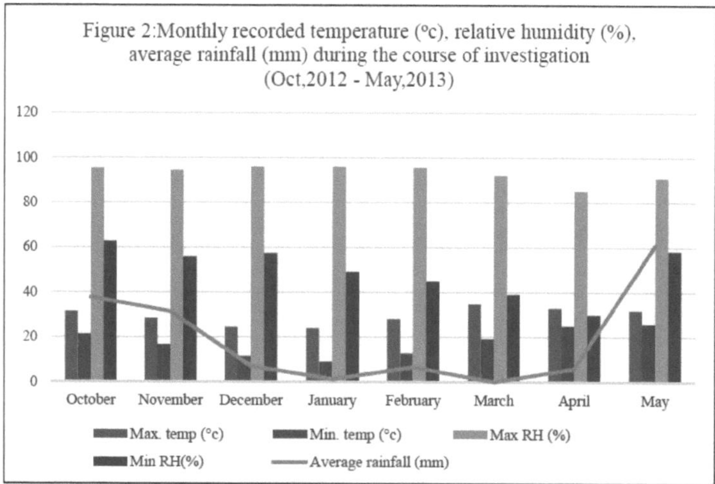

Quadro 2: Propriedades físico-químicas do solo experimental (0-25cm) de profundidade

Dados	Valor	Métodos seguidos
Composição mecânica do solo		
Areia (%)	52.3	Método da pipeta internacional (Piper, 1996)
Silte (%)	30.8	
Argila (%)	16.9	
Composição química do solo		
pH do solo	6.2	Medidor de pH da Beckman

Carbono orgânico (%)	0.63	Método Weakley & black
Azoto total (%)	0.084	Modificado de kjeldhal
Fósforo disponível kg ha^{-1}	18	Modificado Olsen's
Potássio disponível kg ha^{-1}	195	Fotómetro de chama

Quadro 3: Pormenores da disposição

Época de crescimento	:	outubro de 2011 - maio de 2012 e outubro de 2012 - maio de 2013
Conceção	:	Desenho de blocos aleatórios
Número de tratamentos	:	7
Número de réplicas	:	3
Número de parcelas	:	21
Tamanho da parcela individual	:	1,2 m x 1,2 m
Largura do canal de irrigação	:	60 cm
Feixes	:	30 cm
Espaçamento	:	30 cm x 20 cm
Número de cormos da $parcela^{-1}$	:	24
Cultivar	:	Sol de verão
Peso inicial do bolbo (10 bolbos)	:	120 g

FIG. 3: EXPERIMENTAL LAYOUT N

T_6	Irrigation Channel (60 cm)	T_2	Irrigation Channel (60 cm)	T_5
T_4		T_4		T_2
T_5		T_5		T_6
T_2		T_3		T_0
T_3		T_1		T_3
T_1		T_0		T_4
T_0		T_6		T_1

1.2m

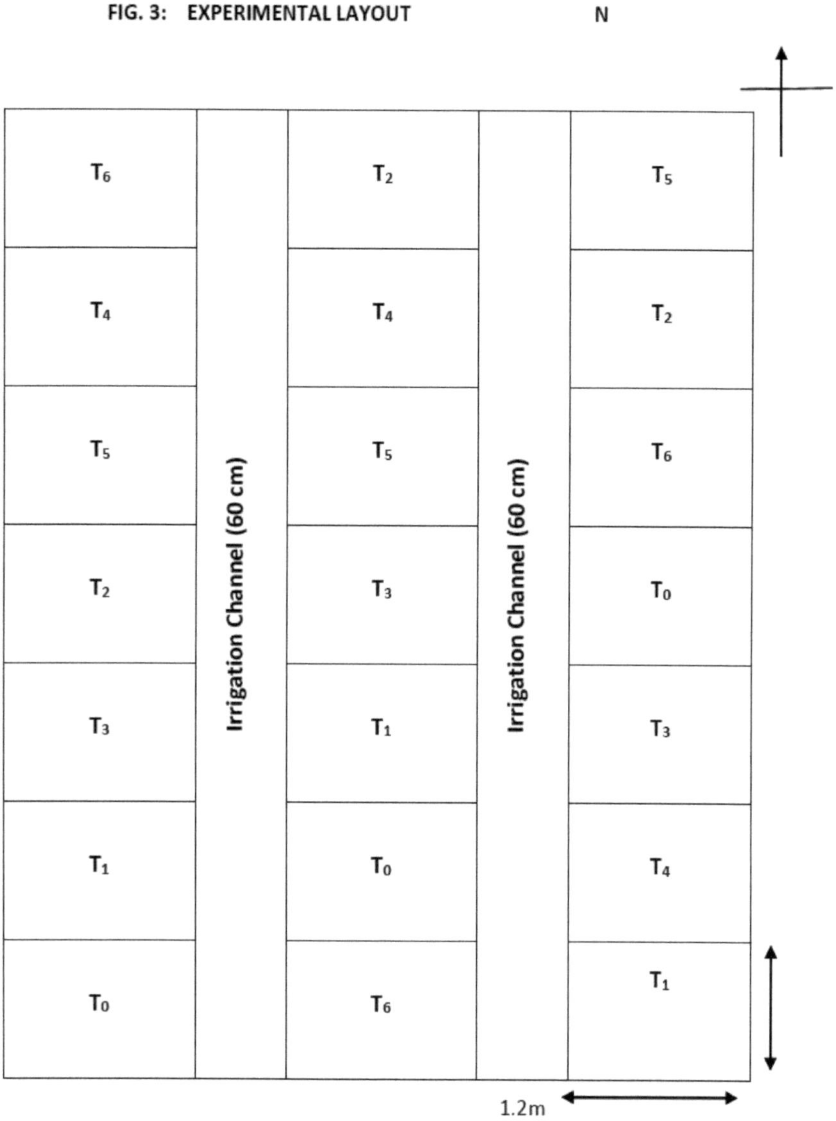

Quadro 4: Pormenores do tratamento da experiência

Símbolos	**Tratamentos**
T_0	Controlo (água destilada)
T_1	$Ca(NO_3)_2$ 300 ppm pulverizado no estádio de 3-4 folhas
T_2	$Ca(NO_3)_2$ 300 ppm pulverizado no estádio de 6-7 folhas

T_3	$Ca(NO_3)_2$ 300 ppm pulverizado no estádio de 3-4 folhas e no estádio de emergência da espiga
T_4	$CaCO_3$ 300 ppm pulverizado no estádio de 3-4 folhas
T_5	$CaCO_3$ 300 ppm pulverizado no estádio de 6-7 folhas
T_6	$CaCO_3$ 300 ppm pulverizado na fase de 3-4 folhas e na fase de emergência de espigas

Fontes de cálcio: Nitrato de cálcio (químico de laboratório)

Carbonato de cálcio (cal)

3.5. PRÁTICAS CULTURAIS

3.5.1. Preparação do terreno:

O campo experimental foi arado em profundidade e os torrões grandes foram pulverizados para obter um solo fino através de lavoura e gradagem. O campo foi cuidadosamente limpo sem quaisquer resíduos de plantas, ervas daninhas, pedras e devidamente nivelado. Estrume de quintal bem decomposto a 10t ha^{-1} é incorporado em todas as parcelas uniformemente como aplicação basal e bem misturado com o solo. A área experimental total foi de 30,24 m^2 que foi dividida em 3 blocos. Foram feitas parcelas de tamanho 1,2x1,2 m, com barreiras de 30 cm entre as parcelas e um canal de irrigação de 60 cm de largura separando os blocos. Foram seguidas as práticas culturais recomendadas durante todo o período de cultivo.

3.5.2. Plantação:

Foram selecionados como material de plantação cormos de tamanho mais ou menos uniforme e sem doenças. Após a remoção da túnica, os cormos foram plantados em 26th outubro 2011& 19th outubro 2012 num espaçamento de 30x20 cm. As parcelas foram irrigadas 2 dias antes da plantação para garantir uma ligeira humidade no solo durante a plantação.

3.5.3. Adubos e fertilizantes:

A dose recomendada de N, P e K (200:75:200 kg ha^{-1}) foi aplicada sob a forma de ureia, superfosfato simples e muriato de potássio, respetivamente. A dose total de fósforo, metade do azoto e um terço de potássio foram aplicados como basal. A dose restante de azoto e um terço de potássio foi aplicada no estádio de 3-4 folhas. A terceira parte da potassa foi aplicada na emergência da espiga.

3.5.4. Irrigação

As parcelas foram irrigadas após a germinação dos cormos e, em seguida, a humidade óptima foi mantida através da aplicação de irrigação sempre que necessário e após a aplicação de fertilizantes.

3.5.5. Operações interculturais:

3.5.5.1. Monda e sachadura

O local experimental foi mantido livre de ervas daninhas através de mondas manuais periódicas. Sempre que necessário, procedeu-se à sacha das parcelas para arejamento.

3.5.5.2. Ligação à terra:

Quando as plantas atingiram uma altura de cerca de 30 cm, procedeu-se à ligação à terra, de modo a evitar que as plantas tombassem.

3.5.5.3. Estaca:

A estaca foi efectuada com a ajuda de varas de bambu quando as plantas atingiram o estádio de 6-7 folhas.

3.5.5.4. Proteção das plantas

Embora a incidência de ataques de pragas e doenças tenha sido observada como sendo notavelmente baixa, os produtos químicos fitossanitários foram pulverizados à primeira vista dos sintomas.

3.6. OBSERVAÇÕES REGISTADAS

Em cada tratamento, foram selecionadas e marcadas seis plantas com crescimento uniforme para registar as observações fonológicas.

3.6.1. PARÂMETROS DE CRESCIMENTO

3.6.1.1. Altura da planta (cm)

A altura da planta foi medida a partir da base da planta ao nível do solo até à ponta da planta no estádio de 6-7 folhas e no estádio de emergência da espiga e expressa em centímetros.

3.6.1.2. Área foliar por planta (cm $)^2$

A área foliar por planta no estádio de 6-7 folhas foi medida utilizando um medidor eletrónico de área foliar modelo LI-3100, Lincoln, Nebraska, EUA e expressa em cm .^{2}

3.6.1.3. Teor de clorofila do tecido foliar fresco (mg g $)^{-1}$

Para estimar o teor de clorofila, foram colhidas aleatoriamente folhas frescas da parcela durante a fase vegetativa. Foi colhida uma amostra de 1 g de folha e embebida durante a noite em acetona a 80%, no escuro. A amostra embebida em acetona foi esmagada e, finalmente, o teor de clorofila foi estimado por observação espectrofotométrica (Sadasivam e Manicham, 1992).

$$\text{Total chlorophyll (mg g}^{-1}\text{ of leaf)} = 20.2\ (A_{645}) + 8.2\ (A_{663}) \times \frac{V}{100 \times W}$$

Em que, A = absorvância a um comprimento de onda específico (mµ).

V= volume final do extrato de clorofila em acetona a 80% (ml).

W = peso fresco da folha (g).

3.6.2. PARÂMETROS DE FLORAÇÃO

3.6.2.1. Dias para o aparecimento de espigas:

O número de dias necessários para o aparecimento de espigas a partir da plantação de cormos foi contado quando 50% das plantas de cada tratamento apresentavam espigas.

3.6.2.2. Número de dias decorridos até à abertura da primeira floreta

O número de dias decorridos desde a emergência da espiga até à abertura do primeiro florete foi registado e expresso em dias.

3.6.2.3. Número de floretes em espiga^{-1}

O número total de floretes em cada espiga das plantas marcadas em cada tratamento foi contado e as médias foram calculadas.

3.6.2.4. Comprimento da espiga (cm)

O comprimento da espiga foi medido com uma escala de medição quando todos os floretes estavam abertos e expresso em centímetros.

3.6.2.5. Diâmetro da espiga (cm)

O diâmetro das estacas marcadas foi medido com a ajuda de um compasso de calibre venire e a média registada em centímetros.

3.6.2.6. Diâmetro da floreta (cm)

O diâmetro foi medido com uma escala e expresso em centímetros.

3.6.2.7. Comprimento do ráquis (cm)

Isto indica o comprimento entre o primeiro florete basal e a ponta de uma inflorescência. O comprimento da ráquis foi medido e as médias foram calculadas em centímetros.

3.6.2.8. Auto-vida da espiga (dias)

O tempo de vida da espiga no campo indica o período de tempo desde a abertura da primeira floreta até à última floreta numa espiga em condições de campo. São apresentadas as médias de 6 espigas por parcela.

3.6.2.9. Tamanho do cormo (cm)

O diâmetro do cormo das plantas marcadas foi medido na sua largura horizontal máxima e a média expressa em centímetros como tamanho individual do cormo.

3.6.2.10. Peso do cormo (g)

Os cormos produzidos pelas plantas marcadas foram pesados e o peso médio foi calculado como peso individual do cormo e expresso em gramas.

3.6.2.11. Número de cormos cormo^{-1}

Foi contado o número total de cormos produzidos por cada cormo e calculadas as médias para registar o número de cormos por cormo.

3.6.2.12. Peso dos cormos por cormo (g)

Os cormos por cormo foram pesados com uma balança eletrónica e as médias foram calculadas e expressas em gramas por cormo. Foi calculada a média das observações de cada tratamento.

3.6.3. OBSERVAÇÕES PÓS-COLHEITA

Nove espigas de cada tratamento foram colhidas quando 4-5 floretes mostraram cor. As estacas foram cortadas a um comprimento uniforme (25 cm abaixo do florete basal) e as folhas basais foram removidas. Estas foram mergulhadas em água da torneira (250 ml) e a boca dos recipientes foi tapada com algodão não absorvente para evitar a perda por evaporação. As estacas foram mantidas à temperatura ambiente normal de 20±2°c e a uma humidade relativa de 75-80% sob iluminação contínua (200 lux, lâmpadas fluorescentes).

As observações registadas são:

1. Dias necessários para a abertura da floreta basal

O número de dias necessários para a abertura de 1st florete foi contado após o início da experiência.

2. Vida de vaso

O número de dias foi contado desde o início da experiência até ao momento em que a beleza da espiga (até 5 floretes) foi atingida.

3. Dias até à senescência incipiente

O número de dias que os floretes individuais de cada espiga, de acordo com o tratamento, demoraram a atingir a senescência incipiente (ou seja, quando os bordos dos floretes começaram a perder a sua turgescência) a partir da abertura do florete foi contado e a média calculada.

4. Dias até à senescência

O número de dias que cada florete por espiga demorou a atingir a senescência completa após a abertura foi contado e a média registada.

5. Absorção acumulada de água

No final da experiência, o volume restante de água no recipiente foi medido e o volume diferencial (volume inicial de água - volume restante de água) foi registado como consumo cumulativo de água.

6. Peso fresco da espiga

As pontas foram pesadas com um intervalo de 24 horas e a variação de peso foi registada.

3.7. ANÁLISE ESTATÍSTICA

Todos os parâmetros foram analisados estatisticamente pelo método "Análise de Variância (ANOVA)" (Cochran e Cox, 1957) e as diferentes fontes de variação significativas foram testadas pelo quadrado médio do erro pelo teste 'F' de Fisher's Snedecor a níveis de probabilidade de 0,05 para graus de liberdade apropriados. Para a determinação do erro padrão da média (SEm±) e do valor da diferença crítica (DC) entre as médias dos tratamentos a um nível de significância de 5%, foi consultada a tabela estatística formulada por (Cochran e Cox, 1957).

PARÂMETROS DE CRESCIMENTO:

Altura da planta (cm)

A leitura dos dados no Quadro 5 indica que a altura da planta medida no estádio de 6-7 folhas e novamente na emergência da espiga não mostrou qualquer variação significativa sob os tratamentos em ambos os anos. No entanto, a altura linear máxima foi registada em plantas tratadas (66,65 e 77,04 cm em 1st e 2nd ano, respetivamente) com 300 ppm de nitrato de cálcio pulverizado na fase de 6-7 folhas e novamente na fase de emergência da espiga (T_3). A altura das plantas medida na emergência da espiga também foi dominada pelo tratamento (T_3). O aumento da altura como resultado da pulverização de cálcio sobre o controlo pode ser atribuído à divisão celular e às propriedades de alongamento celular do cálcio (Carpenta & Rodrignez, 1971).

Influência positiva do tratamento T_3 [$Ca(NO_3)_2$ (300 ppm) pulverizado no estádio de 6-7 folhas e no estádio de emergência da espiga). A influência positiva do tratamento T(300 ppm) na altura das plantas pode ser discutida à luz da propriedade imóvel do cálcio (Kirkby & Pilbeam, 1984), e como relatado por Collin & Tibbits (1982) Kirkby & Pilbeam (1984) as folhas em expansão têm maior demanda de cálcio das pulverizações nos estágios com folhas totalmente desenvolvidas podem ter sido eficazes.

Área foliar (cm)^2

A partir da representação tabular (Tabela 5), é evidente que a área foliar medida no estágio de 6-7 folhas não foi influenciada pelos tratamentos. Enquanto o tratamento T_3 produziu as maiores folhas (136,50 cm^2) no primeiro ano e também no segundo ano (141,50 cm^2), seguido por T_2 . O tamanho da folha na parcela controlada foi mínimo (104,33 cm^2). Os melhores resultados obtidos com a aplicação de nitrato de cálcio devem-se ao efeito resultante dos dois elementos nutritivos mais importantes presentes no nitrato de cálcio. **Teor de clorofila (mg g)$^{-1}$**

É evidente a partir dos dados apresentados no (Quadro 5, fig. 4) que o teor de clorofila das folhas frescas foi significativamente influenciado pelos tratamentos. Notavelmente alto teor de clorofila

Quadro 5: Efeito do cálcio pulverizado em 3 fases de crescimento diferentes na altura da planta, área foliar e clorofila do Gladiolus cv. Summer Sunshine

Tratamentos	Altura da planta no estádio de 6-7 folhas (cm)			Altura da planta no estádio de emergência da espiga (cm)			Área foliar no estádio de 6-7 folhas (cm)^2			Clorofila (mg/g) no estádio (6-7 folhas)		
	2011-12	**2012-13**	**Média**	**2011-12**	**2012-13**	**Média**	**2011-12**	**2012-13**	**Média**	**2011-12**	**2012-13**	**Média**
T_0 (controlo)	65.67	63.99	64.83	70.97	70.30	70.63	107.80	100.87	104.33	1.01	1.18	1.09
T_1	70.43	58.43	64.43	72.58	71.89	72.23	109.33	119.53	114.43	1.43	1.51	1.46
T_2	72.23	58.80	65.52	74.30	73.87	74.50	129.60	132.23	130.91	1.52	1.70	1.61
T_3	72.73	60.57	66.65	75.13	77.04	76.08	136.50	141.50	139.00	1.85	1.88	1.85
T_4	69.42	56.70	63.06	74.07	73.77	73.92	110.03	113.03	111.53	1.49	1.60	1.54
T_5	68.55	57.63	62.98	68.72	71.03	69.87	115.53	116.67	116.10	1.07	1.62	1.33
T_6	70.43	58.33	64.38	71.55	71.65	71.6	117.97	119.57	118.77	1.36	1.44	1.39
SEm (±)	6.34	2.24		5.23	2.50		23.09	17.97		0.16	0.16	
CD(0,05)	NS	NS		NS	NS		NS	NS		0.35	0.34	

Tratamentos: T_0 - Controlo (água destilada), T_1 - $Ca(NO_3)_2$ 300 ppm pulverizado no estádio de 3-4 folhas, T_2 - $Ca(NO_3)_2$ 300 ppm pulverizado no estádio de 6-7 folhas, T_3 - $Ca(NO_3)_2$ 300 ppm pulverizado no estádio de 3-4 folhas & fase de emergência da espiga, T_4 - $CaCO_3$ 300 ppm pulverizado na fase de 3-4 folhas, T_5 - $CaCO_3$ 300 ppm pulverizado na fase de 6-7 folhas, T_6 - $CaCO_3$ 300 ppm pulverizado na fase de 3-4 folhas & fase de emergência da espiga

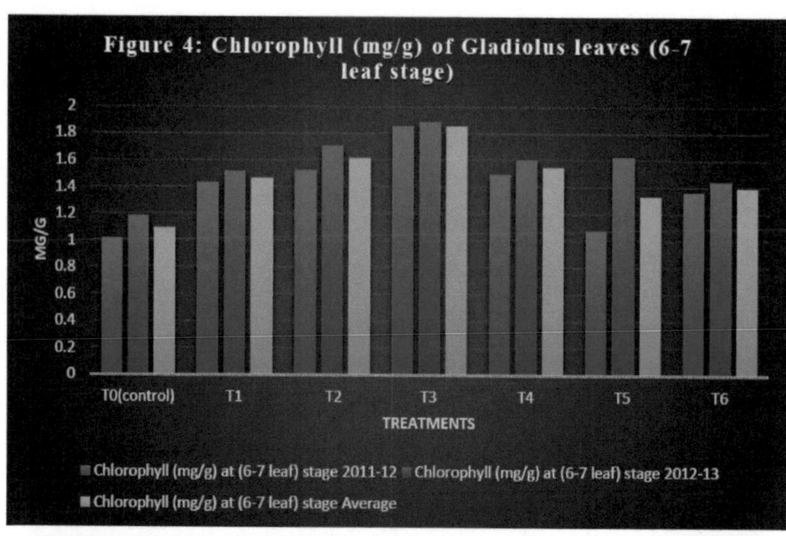

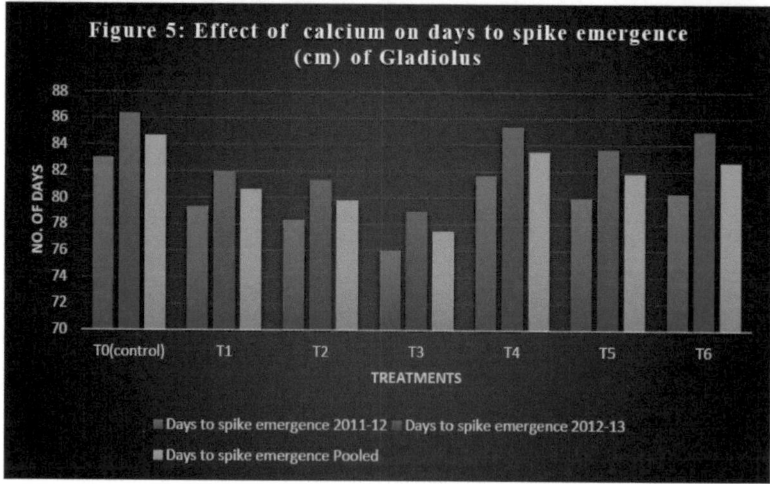

(1,83 mg g^{-1}) foi obtido nas folhas do tratamento T_3 [$Ca(NO_3)_2$ (300 ppm) pulverizado na fase de 6-7 folhas e na fase de emergência da espiga), enquanto o teor mais baixo de clorofila (1,09 mg g^{-1}) foi obtido nas plantas do tratamento T_0 (controlo).

PARÂMETROS DE FLORAÇÃO

Dias para a emergência da espiga

Os tratamentos pulverizados com cálcio em diferentes estádios de crescimento produziram uma variação significativa entre si em termos de dias necessários para a emergência da espiga após a plantação, em ambos os anos e na análise conjunta (Quadro 6, fig. 5).

Observou-se que o tratamento T_3 reduziu significativamente o número de dias necessários para o surgimento de espigas (76,0 e 79,0 dias após o plantio em 2011 e 2012, respetivamente). O T_2 seguiu de perto o T_3 . Registou-se um atraso (84,67 dias) na emergência de espigas na parcela de controlo.

A partir dos dados, também é evidente que o nitrato de cálcio foi superior a este respeito, em comparação com o carbonato de cálcio. O tratamento das plantas com carbonato de cálcio atrasou a emergência da espiga em 3,34 dias em relação aos tratamentos com nitrato de cálcio. O aparecimento precoce de espigas nas plantas tratadas com nitrato de cálcio pode ser devido ao papel do nitrato na indução da floração, sensibilizando os botões ao estímulo floral (Bueno & Valmayor, 1974).

Além disso, pode ser em resposta ao papel do cálcio como mensageiro secundário na sinalização de vários processos fisiológicos, incluindo a indução de flores. Os resultados também podem ser relacionados aos relatórios feitos por Krishnamurthy (1993). Segundo ele, o complexo cálcio-calmódio ativado é responsável pelas respostas mediadas pelo fitocromo, incluindo a indução da floração.

Dias para 1st abertura de floretes

A caraterística dias necessários para a abertura da primeira flor foi influenciada positivamente pelos tratamentos, durante todo o curso da investigação, embora o grau de significância alcançado tenha sido marcadamente baixo. A contagem de dias foi mínima entre a emergência da espiga e a abertura da primeira flor (7,50 dias), nas parcelas que receberam duas pulverizações foliares (na fase de 6-7 folhas e emergência da espiga) de nitrato de cálcio (T_3) (Quadro 6, fig. 6). Os tratamentos T_1 , T_4 foram iguais, as plantas sob T_5 atingiram o estádio tardiamente, as plantas de controlo foram as últimas a desfazer a abertura da flor1st .

Quadro 6: Efeito do cálcio pulverizado em 3 fases de crescimento diferentes nos parâmetros florais do Gladiolus cv. Summer Sunshine

Tratamento	Dias para a emergência da espiga			Dias para 1st abertura de floretes			N.º de floretes / espiga			Comprimento do ráquis (cm)		
	2011-12	2012-13	Agrupado	2011-12	2012-13	Média	2011-12	2012-13	Média	2011-12	2012-13	Média
T_0 (controlo)	83.00	86.33	84.67	11.67	9.83	10.75	11.30	10.83	11.06	36.33	38.16	37.24
T_1	79.33	82.00	80.67	9.33	8.33	8.83	11.53	11.37	11.45	38.87	40.22	39.54

T_2	78.33	81.33	79.83	9.00	7.33	8.16	11.87	11.61	11.73	41.33	42.78	42.05
T_3	76.00	79.00	77.50	8.33	6.67	7.50	11.77	11.63	11.70	45.10	46.67	45.88
T_4	81.67	85.33	83.50	9.67	8.00	8.83	11.87	11.03	11.45	43.20	44.73	43.96
T_5	80.00	83.67	81.84	10.33	7.67	9.00	11.63	11.53	11.58	43.41	44.67	44.04
T_6	80.33	85.00	82.67	9.33	8.17	8.75	11.50	11.60	11.55	44.69	45.41	45.05
SEm (±)	1.33	2.11	4.67	0.82	0.48		0.57	0.30		1.06	1.10	
CD (0,05)	2.86	4.52	2.57	1.77	1.02		NS	NS		NS	NS	

Tratamentos: T_0 - Controlo (água destilada), T_1 - $Ca(NO_3)_2$ 300 ppm pulverizado no estádio de 3-4 folhas, T_2 - $Ca(NO_3)_2$ 300 ppm pulverizado no estádio de 6-7 folhas, T_3 - $Ca(NO_3)_2$ 300 ppm pulverizado no estádio de 3-4 folhas & fase de emergência da espiga, T_4 - $CaCO_3$ 300 ppm pulverizado na fase de 3-4 folhas, T_5 - $CaCO_3$ 300 ppm pulverizado na fase de 6-7 folhas, T_6 - $CaCO_3$ 300 ppm pulverizado na fase de 3-4 folhas & fase de emergência da espiga

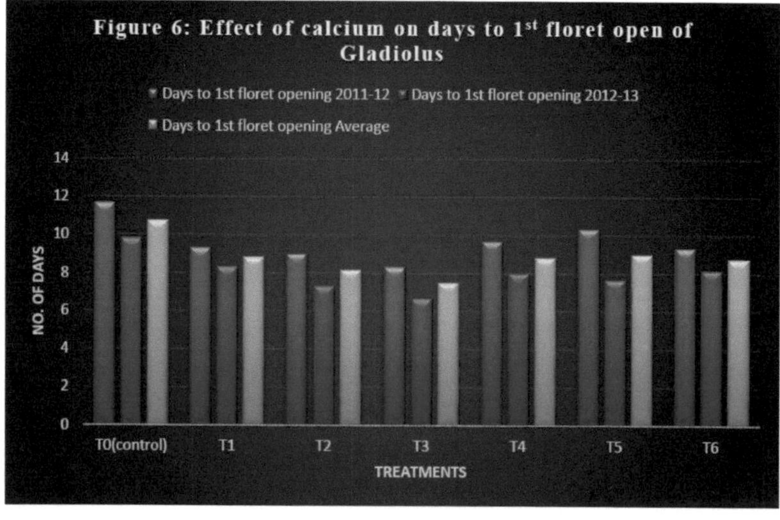

Figure 6: Effect of calcium on days to 1st floret open of Gladiolus

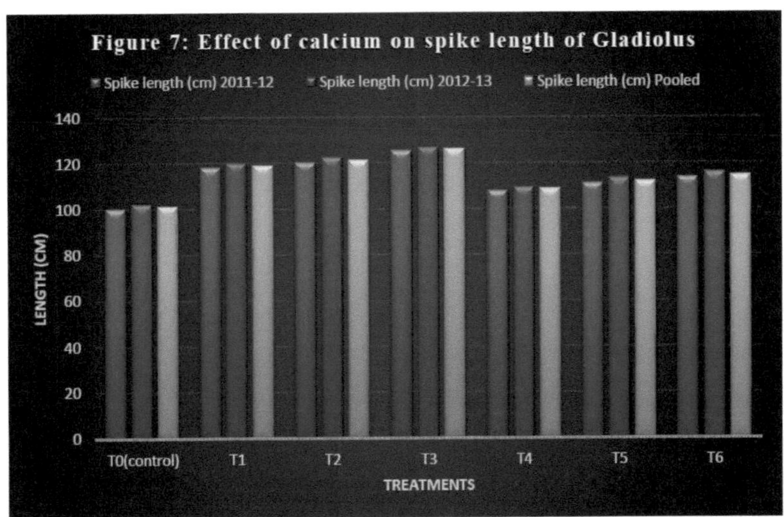

Número de floretes por espiga

Como é evidente no quadro 6, os tratamentos não afectaram significativamente a contagem de floretes por espiga. Os resultados estão de acordo com as conclusões de Kumar & Misra (2003).

Comprimento do ráquis

A caraterística seguiu a tendência do número de floretes por espiga e os tratamentos empregados produziram efeitos não significativos (Tabela 6). No entanto, o tratamento T3 produziu espigas com maior comprimento de ráquis. Kumar & Misra (2003) obtiveram níveis de insignificância no comprimento da ráquis em função de tratamentos com nitrato de cálcio e amónio.

Diâmetro do florete

O parâmetro diâmetro dos floretes também seguiu o exemplo dos floretes por espiga e comprimento da ráquis (Tabela 6). Também é evidente a partir dos dados apresentados que, em comparação com os floretes nas espigas da parcela de controlo, as plantas sob T3 produziram floretes maiores (9,35 cm), o que representa cerca de 1,15 cm a mais, resultando numa maior cobertura na espiga. O aumento do diâmetro do florete como resultado da pulverização de nitrato de cálcio pode ser definido como o papel do cálcio no alongamento celular e também ajuda a melhorar a membrana celular, levando à produção de um diâmetro de flor maior. Seyedi *et al.* (2013). O aumento da largura das flores no gladíolo como efeito resultante do cálcio e em combinação com o boro também é referido por Kumar *et al.* (2003). O efeito do nitrato de cálcio no diâmetro das flores também é referido por Padmalatha *et al.* (2012)

Comprimento da espiga

Os dados na (Tabela 6, fig. 7) indicam que os tratamentos utilizados tiveram uma profunda influência no comprimento da espiga. O comprimento máximo de espiga (126,10 cm) foi medido sob o tratamento T_3 seguido por T2 (121,40 cm). As plantas na parcela de controlo produziram espigas mais curtas (101,3 cm) em comparação com os outros tratamentos. O aumento do comprimento da espiga como resultado da pulverização de cálcio também é relatado por Kumar *et al.* (2003) no gladíolo.

Diâmetro da espiga

O nitrato de cálcio e o carbonato de cálcio pulverizados em três fases diferentes de crescimento a 300 ppm não mostraram qualquer influência positiva no diâmetro da espiga.

Quadro 6: (cont.) Efeito do cálcio pulverizado em 3 fases de crescimento diferentes nos parâmetros florais do Gladiolus cv. Summer Sunshine

Tratamento	Diâmetro da floreta (cm)			Comprimento da espiga (cm)			Diâmetro da espiga (cm)			Peso da espiga (g)			Auto-vida das espigas após 1st florete aberto (Dias)		
	2011-12	2012-13	Média	2011-12	2012-13	Agrupado	2011-12	2012-13	Média	2011-12	2012-13	Média	2011-12	2012-13	Média
T_0 (controlo)	8.80	7.62	8.21	100.3	102.3	101.30	1.05	1.03	1.04	23.97	22.07	23.02	17.60	15.70	16.65
T_1	9.58	8.42	9.00	118.1	120.0	119.0	1.12	1.12	1.12	24.67	23.63	24.15	20.70	18.40	19.55
T_2	9.90	8.16	9.03	120.3	122.5	121.40	1.09	1.08	1.09	24.63	23.63	24.13	23.00	21.20	22.10
T_3	9.94	8.78	9.36	125.4	126.8	126.10	1.14	1.14	1.14	24.40	23.27	23.83	26.90	24.90	25.90
T_4	9.90	7.78	8.84	108.0	109.4	108.80	1.11	1.11	1.11	24.60	22.30	23.45	23.60	21.60	22.60
T_5	9.82	7.44	8.63	111.2	113.4	112.30	1.07	1.10	1.09	23.20	21.90	22.25	22.20	22.30	22.25
T_6	9.52	7.59	8.55	113.7	115.9	114.80	1.07	1.11	1.09	24.50	23.63	24.06	24.30	20.40	22.35
SEm (±)	0.39	0.51		3.30	3.36	10.78	0.06	0.05		1.45	1.10		0.69	0.63	
CD (0,05)	NS	NS		7.08	7.20	4.88	NS	NS		NS	NS		1.47	1.35	

Tratamentos: T_0 - Controlo (água destilada), T_1 - $Ca(NO_3)_2$ 300 ppm pulverizado no estádio de 3-4 folhas, T_2 - $Ca(NO_3)_2$ 300 ppm pulverizado no estádio de 6-7 folhas, T_3 - $Ca(NO_3)_2$ 300 ppm pulverizado no estádio de 3-4 folhas & fase de emergência da espiga, T_4 - $CaCO_3$ 300 ppm pulverizado na fase de 3-4 folhas, T_5 - $CaCO_3$ 300 ppm pulverizado na fase de 6-7 folhas, T_6 - $CaCO_3$ 300 ppm pulverizado na fase de 3-4 folhas & fase de emergência da espiga

Peso da espiga

A representação da (Tabela 6) revela a influência não significativa dos tratamentos no peso da espiga.

Auto-vida dos espigões

A representação tabular (Quadro 6, fig. 8) indica claramente que o nitrato de cálcio e o carbonato de cálcio, pulverizados em 3 fases de crescimento, podem influenciar eficazmente a auto-vida medida através do registo dos dias entre a abertura da primeira flor e da última flor. Os floretes das plantas que receberam o tratamento T_3 mantiveram a sua frescura e brilho durante um período de tempo mais longo (25,90 dias), enquanto as espigas produzidas nas plantas tratadas como controlo perderam o seu brilho quase 9 dias antes.

Número de cormos da parcela^{-1}

A caraterística número de cormos por parcela não foi influenciada pelos tratamentos utilizados (quadro 7).

Diâmetro do caule

Embora os dados na (Tabela 7, fig. 9) mostrem uma variação significativa entre os tratamentos em termos de diâmetro do rebento. A proeminência na variação da observação é marcadamente baixa. Resultados semelhantes foram apresentados por Kumar e Arora (2000) em gladíolos.

Peso dos cormos

Os tratamentos não tiveram um efeito significativo no peso de cada cormo (quadro 7). Resultados semelhantes foram registados por Chaturvedi *et al.* (1986) em gladíolos.

Espessura dos cormos

No (Quadro 7, fig. 10) revela que a influência positiva dos tratamentos na espessura dos cormos, a partir dos dados agrupados, observa-se que as plantas na parcela sob o tratamento T_3 produziram cormos mais espessos (3,43 cm) em comparação com outros tratamentos. Resultados semelhantes foram observados em Kumar *et al.* (2003).

Quadro 7: Efeito do cálcio pulverizado em 3 fases de crescimento diferentes nos caracteres do cormo e do cormo do Gladiolus cv. Summer Sunshine

Tratamentos	N.º de cormos/parcela			Diâmetro dos cormos (cm)			Peso do cormo (g)			Espessura dos cormos (cm)		
	2011-12	2012-13	Média	2011-12	2012-13	Média	2011-12	2012-13	Média	2011-12	2012-13	Média
T_0 (controlo)	23.33	21.33	22.33	5.20	5.23	5.21	56.69	59.24	61.95	2.00	2.23	2.11
T_1	23.33	23.33	23.33	5.57	5.53	5.55	60.56	62.84	63.08	2.52	2.62	2.57
T_2	21.00	23.00	22.00	5.67	5.77	5.71	64.10	66.75	64.03	2.60	2.70	2.65

T_3	22.33	23.33	22.83	5.80	5.83	5.81	69.10	70.98	65.96	3.97	2.90	3.43
T_4	22.33	23.00	22.66	5.33	5.30	5.31	58.78	60.64	61.50	2.37	2.57	2.47
T_5	23.67	23.67	23.66	5.67	5.27	5.46	61.26	63.99	60.41	2.30	2.67	2.49
T_6	21.33	22.00	21.66	5.40	5.47	5.43	63.56	64.88	61.18	2.94	2.53	2.73
SEm (±)	0.88	0.71		0.17	0.10		1.79	1.66		0.79	0.16	
CD (0,05)	NS	NS		0.37	0.21		NS	NS		1.70	0.33	

Tratamentos: T_0 - Controlo (água destilada), T_1 - $Ca(NO_3)_2$ 300 ppm pulverizado no estádio de 3-4 folhas, T_2 - $Ca(NO_3)_2$ 300 ppm pulverizado no estádio de 6-7 folhas, T_3 - $Ca(NO_3)_2$ 300 ppm pulverizado no estádio de 3-4 folhas & fase de emergência da espiga, T_4 - $CaCO_3$ 300 ppm pulverizado na fase de 3-4 folhas, T_5 - $CaCO_3$ 300 ppm pulverizado na fase de 6-7 folhas, T_6 - $CaCO_3$ 300 ppm pulverizado na fase de 3-4 folhas & fase de emergência da espiga

Quadro 7: (cont.) Efeito do cálcio pulverizado em 3 fases de crescimento diferentes nos caracteres do cormo e do cormo de Gladiolus cv. Summer Sunshine

Tratamentos	N.º de cormos parcela^{-1}			Gráfico de peso Cormel^{-1} (g)		
	2011-12	**2012-13**	**Média**	**2011-12**	**2012-13**	**Média**
T_0 (controlo)	1.81	1.05	1.43	30.33	36.33	33.33
T_1	2.25	1.83	2.04	64.67	62.67	63.67
T_2	2.70	2.05	2.38	35.67	57.00	46.34
T_3	3.17	2.78	2.97	75.00	81.00	78.00
T_4	1.14	1.60	1.37	45.00	53.00	49.00
T_5	1.78	1.11	1.45	56.33	55.00	55.66
T_6	1.64	1.22	1.43	51.33	49.00	50.16
SEm (±)	0.09	0.07		12.99	6.32	
CD (0,05)	NS	NS		27.73	13.57	

Tratamentos: T_0 - Controlo (água destilada), T_1 - $Ca(NO_3)_2$ 300 ppm pulverizado no estádio de 3-4 folhas, T_2 - $Ca(NO_3)_2$ 300 ppm pulverizado no estádio de 6-7 folhas, T_3 - $Ca(NO_3)_2$ 300 ppm pulverizado no estádio de 3-4 folhas & fase de emergência da espiga, T_4 - $CaCO_3$ 300 ppm pulverizado na fase de 3-4 folhas, T_5 - $CaCO_3$ 300 ppm pulverizado na fase de 6-7 folhas, T_6 - $CaCO_3$ 300 ppm pulverizado na fase de 3-4 folhas & fase de emergência da espiga

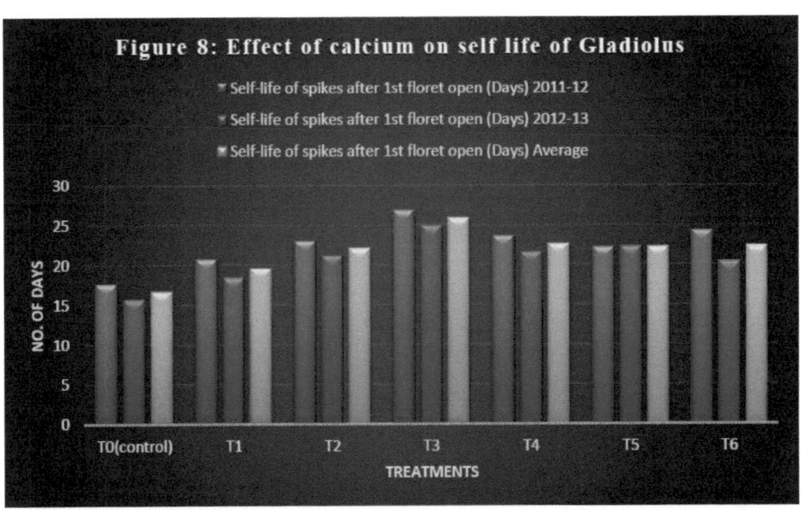
Figure 8: Effect of calcium on self life of Gladiolus
Self-life of spikes after 1st floret open (Days) 2011-12
Self-life of spikes after 1st floret open (Days) 2012-13
Self-life of spikes after 1st floret open (Days) Average
NO. OF DAYS
30
25
20
15
10
5
0
T0(control)
T1
T2
T3
T4
T5
T6
TREATMENTS

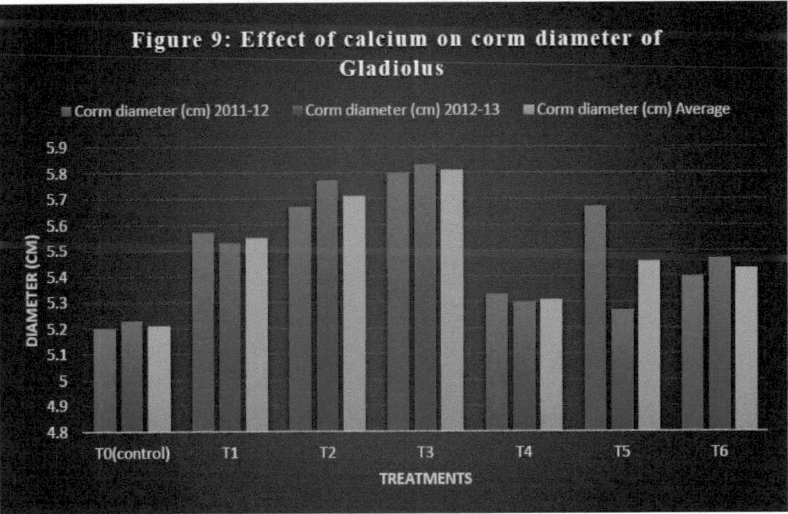
Figure 9: Effect of calcium on corm diameter of Gladiolus
Corm diameter (cm) 2011-12
Corm diameter (cm) 2012-13
Corm diameter (cm) Average
DIAMETER (CM)
5.9
5.8
5.7
5.6
5.5
5.4
5.3
5.2
5.1
5
4.9
4.8
T0(control)
T1
T2
T3
T4
T5
T6
TREATMENTS

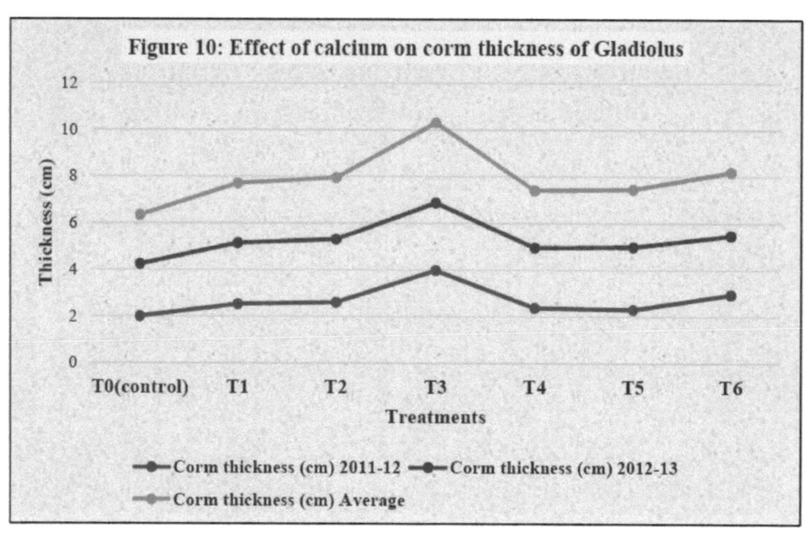

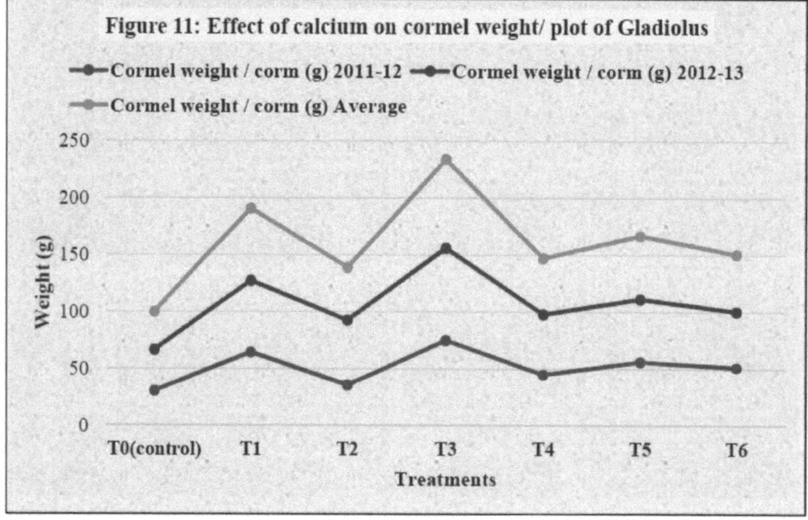

Número de cormos da parcela^{-1}

Como é evidente a partir das observações registadas e representadas no quadro 7, o número de espigas por parcela não foi influenciado pelos tratamentos. Resultados semelhantes foram observados em Kumar *et al.* (2003).

Gráfico de peso Cormel^{-1}

A leitura dos dados no quadro indica o nível de significância atingido pela caraterística como resultado do efeito dos tratamentos. A média das médias (1st e 2nd ano tal que 201112 e 2012-13 respetivamente) apresentada no quadro mostra um efeito proeminente do tratamento T_3 , com um peso do cormo de 78 g por parcela seguido de T1 (63,67 g/parcela). O peso do cormo nas parcelas que receberam cálcio sob a forma de nitrato de cálcio, independentemente da fase de pulverização, registou um maior peso do cormo do que nas parcelas tratadas com carbonato de cálcio. Resultados semelhantes foram registados por Chaturvedi *et al.* (1986).

PARÂMETROS PÓS-COLHEITA

Dias necessários para a abertura dos floretes basais

A aplicação pré-colheita de nitrato de cálcio e carbonato de cálcio como pulverização foliar de crescimento não influenciou a abertura da floreta basal das estacas cortadas (quadro 8). Resultados semelhantes foram registados por Sosanan (2007) na flor do sol.

Vida de vaso

Como é evidente na Tabela 8, os tratamentos pré-colheita apresentaram uma variação significativa entre si em termos de vida de vaso de estacas cortadas de *Gladiolus* cv. Summer Sunshine. $_{3}$Os resultados estão em conformidade com as conclusões de Padmalatha *et al.* (2012) e o aumento do ciclo de vida das flores de lírio cortado cultivado hidrofonicamente foi relatado por Seyedi *et al.* (2013) com o uso de cálcio na nutrição. A eficiência do cálcio no aumento da vida útil do vaso foi relatada por Buchanan *et al.* (2000) e Battacharjee & Palalanikumar (2002) em rosas.

Quadro 8: Efeito do cálcio pulverizado em 3 fases de crescimento diferentes nos parâmetros pós-colheita do Gladiolus cv. Summer Sunshine

Tratamentos	Dias necessários para a abertura da floreta basal			Duração do vaso (dias)			Dias até à senescência incipiente		
	2011-2012	2012-2013	Média	2011-2012	2012-2013	Média	2011-12	2012-13	Média
T_0 (controlo)	1.89	1.33	1.61	4.86	3.80	3.93	5.27	4.45	4.86
T_1	2.00	1.55	1.77	4.88	4.44	4.66	6.50	5.44	5.96
T_2	2.22	2.11	2.16	5.55	4.43	4.99	6.52	5.23	5.88
T_3	2.11	1.78	1.94	6.20	4.77	5.48	6.68	5.57	6.11
T_4	1.77	2.00	1.88	5.21	4.66	4.93	5.98	5.09	5.53
T_5	1.22	1.66	1.44	4.88	4.55	4.71	5.43	4.77	5.11
T_6	1.89	1.88	1.89	5.10	5.55	5.32	5.30	4.29	4.80
SEm (±)	0.32	0.39		0.15	0.13		0.46	0.23	

CD (0,05)	NS	NS		0.33	0.28		0.98	0.50	

(Cont....)

Tratamentos: T_0 - Controlo (água destilada), T_1 - $Ca(NO_3)_2$ 300 ppm pulverizado no estádio de 3-4 folhas, T_2 - $Ca(NO_3)_2$ 300 ppm pulverizado no estádio de 6-7 folhas, T_3 - $Ca(NO_3)_2$ 300 ppm pulverizado no estádio de 3-4 folhas & fase de emergência da espiga, T_4 - $CaCO_3$ 300 ppm pulverizado na fase de 3-4 folhas, T_5 - $CaCO_3$ 300 ppm pulverizado na fase de 6-7 folhas, T_6 - $CaCO_3$ 300 ppm pulverizado na fase de 3-4 folhas & fase de emergência da espiga

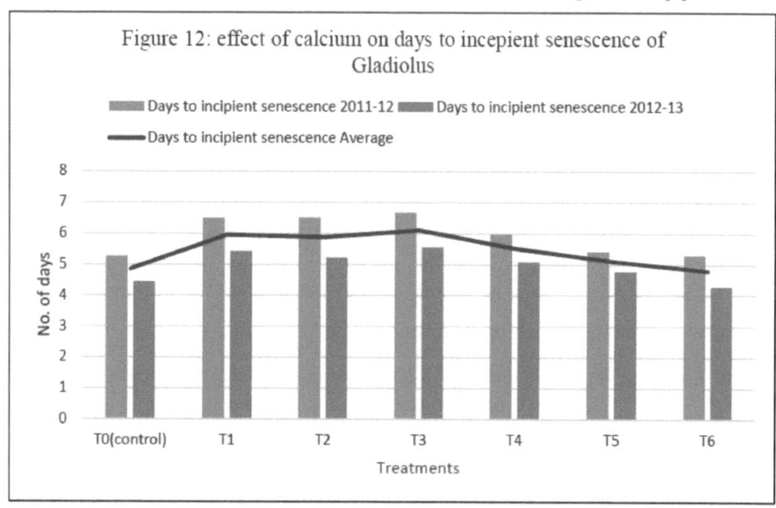

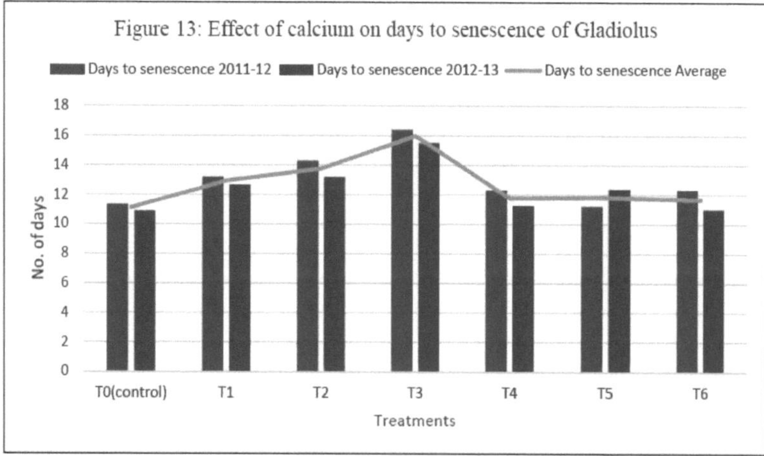

Dias até à senescência incipiente

Os dias necessários para atingir a senescência incipiente de um florete individual foram contados e os dados apresentados no (Quadro 8, fig. 12) os tratamentos mostram uma variação significativa entre si. Registou-se um atraso na senescência incipiente (6,11 dias) em espigas colhidas em parcelas sob o tratamento T_3 seguido de T_1 (5,96 dias).

Dias até à senescência

Os dados da (Tabela 8 fig. 13) indicam que os dias para a senescência de um florete individual, até 5 floretes, mostram uma variação significativa entre si. Os dias até à senescência (15,97 dias) foram registados em espigas colhidas em parcelas sob o tratamento T_3 seguido de T_1 (11,12 dias). Resultados semelhantes foram observados em Katiyar *et al.* (2012).

Absorção cumulativa de água

Os dados no (Quadro 8, fig. 14) indicam que os tratamentos empregues tiveram uma profunda influência na absorção cumulativa de água. O consumo máximo de água (73,68 ml) foi medido no tratamento T_3 seguido do T_2 (72,66 ml). As plantas na parcela de controlo absorveram (37,70 ml) em comparação com os outros tratamentos. O aumento da absorção de água como resultado da pulverização de cálcio também foi registado por Chaturvedi *et al.* (1986) em gladíolos.

Variação do peso fresco das estacas cortadas

A representação gráfica (Fig. 15) mostra a variação diária do peso fresco da espiga cortada. O peso fresco das espigas que receberam o tratamento T_3 foi maior (111,41 g) e o menor foi registado no controlo (99,38 g) Choi *et al.* (2005).

Quadro 8: (cont.) Efeito do cálcio pulverizado em 3 fases de crescimento diferentes nos parâmetros pós-colheita de Gladiolus cv. Summer Sunshine

Tratamentos	Dias até à senescência			Consumo cumulativo de água (ml)			Peso fresco da espiga (g)		
	2011-12	2012-13	Média	2011-12	2012-13	Média	2011-12	2012-13	Média
T_0 (controlo)	11.34	10.89	11.12	37.67	37.73	37.70	98.91	99.87	99.38
T_1	13.22	12.65	12.94	67.50	73.30	70.4	104.36	105.90	105.13
T_2	14.31	13.22	13.77	72.00	73.33	72.66	107.45	108.63	107.68
T_3	16.40	15.53	15.97	72.53	74.83	73.68	112.66	113.88	111.41
T_4	12.30	11.23	11.77	58.30	47.03	52.66	104.45	105.09	104.77
T_5	11.21	12.40	11.81	70.07	58.90	64.48	103.36	104.70	104.03
T_6	12.33	11.03	11.68	67.20	70.30	68.75	106.63	105.89	106.26
SEm (±)	0.40	0.38		5.34	9.72		3.08	3.10	
CD (0,05)	0.85	0.81		11.46	20.85		6.61	6.66	

Tratamentos: T_0 - Controlo (água destilada), T_1 - $Ca(NO_3)_2$ 300 ppm pulverizado no estádio de 3-4 folhas, T_2 - $Ca(NO_3)_2$

300 ppm pulverizado no estádio de 6-7 folhas, T_3 - $Ca(NO_3)_2$ 300 ppm pulverizado no estádio de 3-4 folhas & fase de emergência da espiga, T_4 - $CaCO_3$ 300 ppm pulverizado na fase de 3-4 folhas, T_5 - $CaCO_3$ 300 ppm pulverizado na fase de 6-7 folhas, T_6 - $CaCO_3$ 300 ppm pulverizado na fase de 3-4 folhas & fase de emergência da espiga

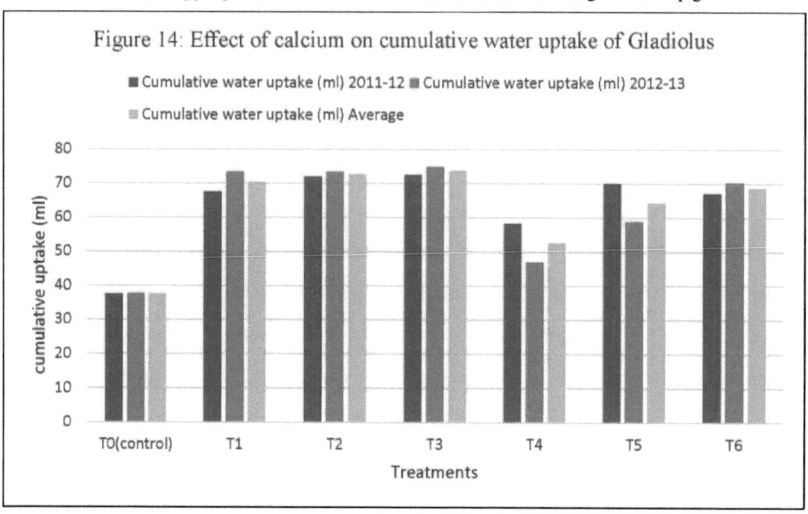

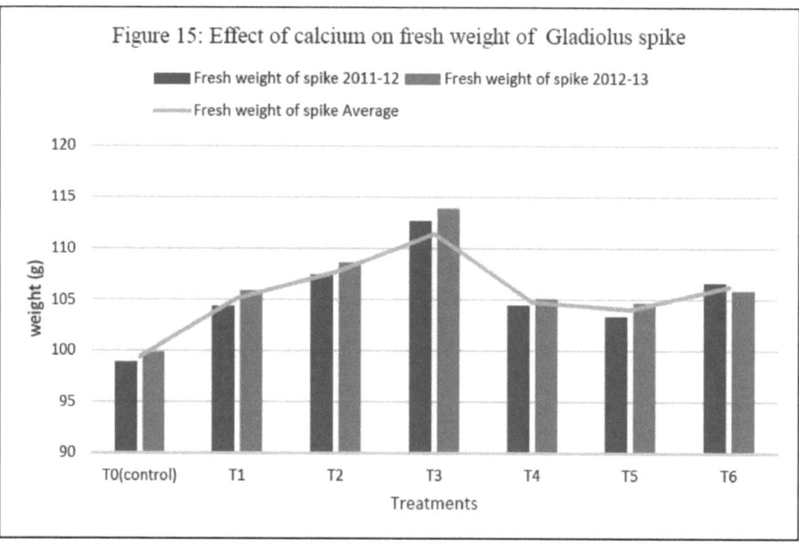

CAPÍTULO 5. RESUMO E CONCLUSÃO

A presente investigação, intitulada "Desempenho do gladíolo *(Gladiolus grandiflora)* cv. Summer Sunshine à aplicação de cálcio" foi realizada entre outubro de 2011 e maio de 2012 e novamente entre outubro de 2012 e maio de 2013 na Horticultural Research Station, Mondouri, Bidhan Chandra Krishi Viswavidyalaya, Nadia, Bengala Ocidental. O solo é um solo argiloso bem drenado com pH 6,2. A experiência foi realizada em blocos aleatórios, que foram repetidos três vezes. Os cormos foram plantados com um espaçamento de 30x20 cm em cada sentido.

Os resultados da presente experiência revelaram que os tratamentos tiveram uma influência não significativa em todos os parâmetros vegetativos, ou seja, altura da planta, área foliar e teor de clorofila. Quase todos os parâmetros responderam bem ao tratamento T_3 [$Ca(NO_3)_2$ pulverizado na fase de emergência de 6-7 folhas e espigas], pois resultou na altura máxima da planta (66,65 cm) e (76,08 cm). O tratamento T_3 também deu os melhores resultados para a área foliar (135,55 cm^2). O teor de clorofila foi mais alto (1,85 mg/g) no tratamento T .3

No que diz respeito aos parâmetros de floração, foram observadas variações significativas em relação aos dias para a emergência da espiga (77,50 dias) e aos dias necessários para a abertura do primeiro florete a partir da emergência da espiga (7,50 dias) no tratamento T_3 [$Ca(NO_3)_2$ pulverizado na fase de emergência de 6-7 folhas e espigas]. A auto-vida das flores foi mais prolongada (25,90 dias) no tratamento T3, juntamente com o comprimento da espiga ((126,10 cm). Também foi revelado que os tratamentos não tiveram efeito significativo nos parâmetros diâmetro do florete, diâmetro da espiga, peso da espiga, número de floretes por espiga e comprimento do ráquis.

No caso dos parâmetros cormo e cormo, foi observada uma variação significativa em relação ao diâmetro do cormo (5,81 cm), espessura do cormo (3,43 cm) e peso do cormo na parcela^{-1} (78,00 g) sob o tratamento T_3 [$Ca(NO_3)_2$ pulverizado na fase de emergência de 6-7 folhas e espigas]. Os cormos da parcela^{-1} , o peso dos cormos e o número de cormos da parcela^{-1} não mostraram efeitos significativos sobre estes parâmetros.

Os parâmetros dias até à senescência incipiente, dias até à abertura da última flor, tempo de vida em vaso e consumo acumulado de água foram significativamente influenciados pelos tratamentos, tendo o tratamento T3 registado o número máximo de dias até à senescência (6,11 dias), o número máximo de dias até à abertura da última flor (15,97 dias), o número mais elevado de dias de vida em vaso (5,48 dias) e uma maior quantidade de consumo acumulado de água (73,68 ml). Também se verificou que o tratamento não teve significado no parâmetro dias para a abertura de 1st florete.

A partir dos resultados da experiência, pode concluir-se que as plantas de gladíolo respondem melhor ao tratamento T_3 [$Ca(NO_3)_2$ pulverizado na fase de emergência de 6-7 folhas e espigas] para os parâmetros vegetativos, de floração e pós-colheita.

Por conseguinte, pode concluir-se que os parâmetros vegetativos e alguns dos parâmetros de floração, pós-colheita, cormo e cormo não são significativos. Tal pode dever-se a uma seleção inadequada das fontes de cálcio e do estádio de aplicação.

O cálcio regula tanto o comprimento da espiga como o tempo de vida do vaso, que são os dois principais domínios do cultivo do gladíolo. Assim, tendo em conta o potencial do gladíolo na Índia em termos de flor de corte, o nitrato de cálcio pode ser recomendado para o cultivo de gladíolos.

CAPÍTULO 6. ÂMBITO FUTURO DA INVESTIGAÇÃO

A presente investigação, intitulada "Desempenho do gladíolo *(Gladiolus grandiflora)* cv. Summer Sunshine à aplicação de cálcio", indica as seguintes investigações no futuro:

- A presente experiência deve ser continuada por mais dois anos para confirmar os resultados.
- O presente estudo precisa de ser investigado noutras fontes de cálcio e também noutras cultivares de gladíolo.
- É necessário efetuar um percurso em vários locais.
- Estudar o efeito das diferentes fontes e dos diferentes tratamentos na qualidade reprodutiva e pós-colheita da flor de corte.
- Estudo sobre a ocorrência de pragas e doenças com a utilização de diferentes fontes de cálcio.

BIBILOGRAFIA

Anónimo. (1976). Hortus third um dicionário conciso de plantas cultivadas nos Estados Unidos e no Canadá. Macmillan publishing Co. Inc. Nova Iorque, pp. 511 - 523.

Asfabani, M., Davarynejed, G.H. e Tehranifar, A. (2008). Efeitos da fertilização pré-colheita com cálcio no tempo de vida em vaso da flor de corte de rosa cv. Alexander. *Ata Hort.* **804**: 217-221.

Beno, P.B. e Valmayor. (1974). Nitrato de potássio chave para a floração da manga. Agrónomo los banos **13**: 4 - 6

Bhattacharjee, S.K. e Palalanikumar, S. (2002). Postharvest life of roses as affected by holding solution (Vida pós-colheita das rosas afetada pela solução de retenção). *J. OrnamentalHort.* **5**(2): 37-38.

Bose e Yadav, L. P. (1989). Flores comerciais. (Ed., Vayar Prakash, Calcutta Publication; pp. 267-350.

Buchanan, B.B., Gruissem, W. e Jones, R.L. (2000). Biochemistry and molecular biology of plants (Bioquímica e biologia molecular de plantas). *Amer. Soc. Plant Biol.* 152-153.

Capdeville, G.D., Maffia, L.A., Finger, F.L. e Batista, U.G. (2004). Aplicações de sulfato de cálcio antes da colheita afetam a vida de vaso e a severidade do mofo cinzento em rosas cortadas. *Sci. Hortic.* **103**: 329-338.

Carpenter, W.J. e Rodriguez, R.C. (1971). The effect of plant regulating chemicals on rose shoot development from basal and axillary bud. *Journal of American Society for Horticultural Science,* **96**: 389-391.

Chaturvedi, O.P., Shukla, L.N. e Singh, A.R. (1986). Efeito de Agromin no crescimento e floração do gladíolo. *Prog. Hort.,* **18**: 3 - 4,196-199.

Choi, J.M., Lee, K.H. e Lee, E.M. (2005). Efeito das concentrações de cálcio na solução de fertilizante no crescimento e na absorção de nutrientes pelo lírio híbrido oriental 'Casa Blanca'. *Ata Hort.* **673**: 755-760.

Cochran, W.G. e Cox, G. M. (1957). Experimental designs pp. 127 - 131.

Collier, G.F. e Tibbitts, T.W. (1982). Queimadura de ponta da alface. *Hort. Rev.* **4**:49-65.

Ewart, L.C. (1981). Utilização de germoplasma de floricultura. *Scientia Horticulturae,* **166**: 567 - 570.

Gerasopoulos, D. e Chelbi, B. (1999). Efeitos das aplicações de cálcio antes e depois da colheita no tempo de vida em vaso das gerberas cortadas. *J. Hort. Sci. & Biol.* **74**:78-81.

Gislord, H.R. (1999). O papel do cálcio em vários aspectos da qualidade da planta e da flor na perspetiva da floricultura. *Ata Horticulture,* **481**:345-351.

Kaikal, V.S. e Nauriyal, J.R. (1964). It's easy to grow gladioli. *Indian Horticulture,* **8** (3): 11-14.

Katiyar, P., Chaturvedi, O.P. e Katiyar, D. (2012). Efeito da pulverização foliar de zinco, cálcio e boro na produção de espigas de Gladiolus cv. eurovision *HortFlora Research Spectrum,* **1**(4): 334-338.

Kirkby, E.A. e Pilbeam, D.J. (1984). Calcium as a plant nutrient. Plant Cell Environ. **7**:397405.

Krishnamurthy, H.N. (1993). Physiology of plant growth and development, Atma and Sons, Delhi.

Kumar, P. e Arora, J.S. (2000). Effect of micro nutrients on gladiolus. *Journal of Ornamental Horticulture,* **3** (2):91-93.

Kumar, R. e Misra, R.L (2003). Resposta do gladíolo à fertilização com azoto, fósforo e potássio. *Jornal de horticultura ornamental* **6** (2): 95 - 99.

Kumar, R., Singh, G.N. e Misra, R.L. (2003). Effect of boron, calcium and zinc on gladiolus (Efeito do boro, cálcio e zinco no gladíolo). *Journal of ornamental horticulture* **6** (2): 104- 106.

Larson, R.A. (1980). In Introduction to floriculture. (edn.) Academic press Inc., pp. 166 - 181.

Le Chang, Yun Wu, Wei-wei Xu, Ali Nikbakht e Yi-ping Xia (2012). Efeitos do tratamento com cálcio e ácido húmico no crescimento e na absorção de nutrientes do lírio oriental, *African Journal of Biotechnology.* **11** (9): 2218-2222.

Luiz, A.M., Feenando, L.F. e Ulisses, G.B. (2005). A aplicação de sulfato de cálcio na pré-colheita afeta a vida de vaso e a severidade do mofo cinzento em rosas de corte. *Sci. Hort.* 329-338.

Marschner, H. (1995). Mineral nutrition of higher plants. Academic Press, Londres, Reino Unido.

Mehran, A., Hossein, D.G. e Tehranifar, A. (2007). Efeito da fertilização pré-colheita com cálcio no tempo de vida em vaso de flores de corte de rosas cv. Alezander. *Ata Horticulture.* 804.

Michalczuk, B., Goszczynska, D.M., Rudnicki, R.M. e Halevy, A.H. (1989). Calcium Promotes Longevity and Bud Opening in Cut Rose Flowers. Israel Journal of Botany **38**:209-215.

Padmalatha, T, Reddy, G.S., Chandrasekhar, SivaShankar, A. e Chaturvedi, A. (2012). Effect of foliar spray of chemicals and plant growth regulators on corm production and vase life in gladiolus plant raised from cormels, *Plant Archives* **12** (2), pp. 685690.

Piper, C. S. (1966). Soil and plant analysis. Hans publishers, Bombay, pp: 15.

Poovaiah, B.W. e Leopold, A.C. (1973). Deferral of Leaf Senescence with Calcium. *Plant Physiol.*

Plant. **107**: 214-219.

Randhawa, G.S. e Mukhopadhyay, A. (1986). Floriculture in India. Allied Publishers Private Limited, pp: 376-383.

Reddy, A.G.K. e Chaturvedi, O.P. (2009). Effect of zinc, calcium and boron on growth and flowering in *Gladiolus* cv. Red Majesty. *Crop Res.* **38** (1, 2 & 3): 135-137.

Robichaux, M. (2008). O efeito do cálcio ou do silício em rosas miniatura ou poinsétias em vaso. Tese para obtenção do grau de Mestre em Ciências na Faculdade de Agricultura e Mecânica da Louisiana State University.

Sadasivam, S. e Manickam, A. (1996). Biochemical methods (2nd edn.) new age international publishers, New Delhi, pp: 187 - 188.

Sairam, K.R., Vasanthan, B. e Arora, A. (2011). O cálcio regula a senescência das flores de Gladiolus influenciando a atividade das enzimas antioxidantes, *Ata Physiol Plant* **33**:1897-1904.

Seyedi, N.A., Torkashv, M. e Allahyari, M.S. (2013) Investigação dos efeitos da concentração de cálcio em condições hidropónicas no crescimento quantitativo e qualitativo de Lilium 'Tresor, *Journal of Ornamental and Horticultural Plants, 3* (1): 19-24.

Sosanan, S. (2007). Efeito da suplementação de cálcio antes e depois da colheita na longevidade do girassol (*Helianthus annuus* cv. superior sunset). Grau de mestre em ciências no departamento de Horticultura da Universidade de Louisiana e do Colégio Agrícola e Mecânico.

Wilfret, G. J., (1980), In: Introdução à Floricultura, Academic press Inc., pp. 166-180.

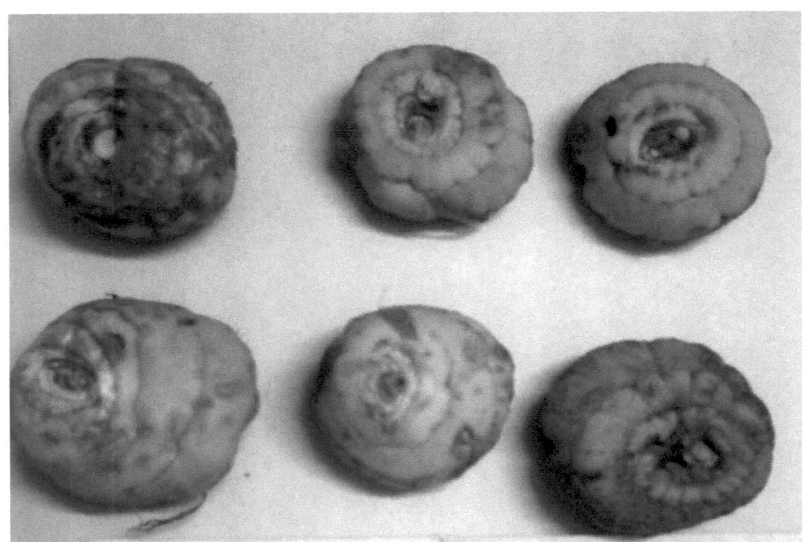

Placa 1. Materiais de plantação de Gladiolus cv. Summer Sunshine

Placa 2. Vista de campo da fase vegetativa do Gladiolus cv. Summer Sunshine

Placa 3. 2-3 Fase de abertura dos floretes da espiga de gladíolo

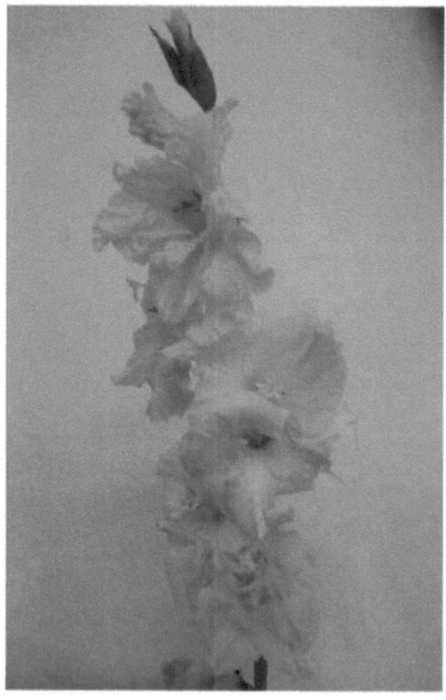

Placa 4. Floretes totalmente abertos numa haste de gladíolo

Printed by Books on Demand GmbH, Norderstedt / Germany